DISCOURS

SUR L'ANATOMIE,

Prononcé à l'ouverture du Cours de 1791, l'an troi-
sieme de la Liberté, le 2 Novembre, en présence des
Corps Administratifs :

Par JEAN-BAPTISTE-PH.-R.-N. LAUMONIER,
ancien Chirurgien - Major ; Démonstrateur des
Hôpitaux & Amphithéâtres Militaires ; Membre
de l'Académie Royale des Sciences & Arts de
Metz ; Affocié Régnicole de la Société Royale
de Médecine de Paris ; Vice-Directeur de l'A-
cadémie Royale des Sciences, Belles-Lettres &
Arts de Rouen ; Lithotomiste penfionnaire de
la même Vil'e ; Professeur Royal en Anatomie &
Chirurgie, & Chirurgien en chef de l'Hôtel-
Dieu.

A ROUEN,

De l'Imprimerie de P. SEYER & BEHOURT,
rue du Petit - Puits.

M. DCC. XCI.

DISCOURS

SUR L'ANATOMIE,

Prononcé le 2 Novembre 1791, dans l'Amphithéâtre Royal de Rouen, en présence des Corps Administratifs & du Public, par LAUMONIER, Chirurgien en chef de l'Hôtel-Dieu; Professeur Royal en Anatomie & Chirurgie, &c. &c.

MESSIEURS,

Un nouvel ordre de choses vient de naître. Rendu à sa dignité naturelle, l'homme, en s'éveillant du pénible & douloureux sommeil de l'esclavage, brise avec fierté le sceptre du despotisme, dont le poids & la dureté paralysoient les ressorts de son âme.

Guidée par des Loix sages & nouvelles, la liberté va, déployant toutes les facultés de sa raison, lui ouvrir les routes du bonheur.

Délivrés de leurs entraves, les Sciences & les Arts ne seront plus comprimés sous le joug accablant de

A 2

l'ufage & des préjugés. Ils vont fleurir fous l'empire d'une Nation libre ; s'accroître, fe multiplier, & fe propager fous l'égide des Loix. Leur utilité fera déformais le motif, la mefure, & le garant affuré de la protection que la Nation accordera à leur enfeignement.

Celle que nous profeffons, l'Anatomie, Meffieurs, n'en doutez pas, tient fous ce rapport le premier rang. Fondés fur cette vérité, nous pouvons efpérer que les premiers jours de la liberté diffiperont les obftacles & les préjugés qui s'oppofoient à fes progrès.

Toutes les élections adminiftrantes, jaloufes d'y concourir, en rendront l'enfeignement commode & facile. Elles encourageront ceux qui parcoureront avec fruit cette dégoûtante & périlleufe carriere. Elles accorderont à leur courage le dégré d'intérêt & d'eftime que mérite celui qui s'environne de tous les dangers, qui fe familiarife avec les émanations les plus infectes & les plus meurtrieres, pour le plaifir de défendre fes femblables de la douleur & de la mort.

Encouragé par cet efpoir, & animé de l'efprit régénérateur de l'Empire François, je jure d'être fidele à la Nation, à la Loi & au Roi ; de remplir, de la maniere la plus conforme aux principes de la Conftitution, tous les devoirs auxquels m'engagent ma qualité de Citoyen, & celle de Profeffeur public.

J'ai de mes Eleves une affez haute opinion, pour affurer qu'ils uniront de bon cœur leurs ferments au mien, & que chacun d'eux comprendra dans l'étendue des devoirs que lui impofe cet engagement, celui d'apporter dans le cours de fes études toute l'application & le zele néceffaires pour atteindre le but qu'il fe propofe.

Jeunes Citoyens! qui vous élancés dans cette carriere, avec l'eftimable ardeur qui caractérife & votre âge & la pureté de vos âmes, il ne faut cependant pas vous diffimuler que fi votre projet eft beau, s'il préfente à votre imagination une brillante étendue de connoiffances à acquérir, à votre cœur une multitude de jouiffances dans les fuccès de votre Art, la route n'eft pas fans épines, la tâche eft longue, & l'exécution en eft difficile.

Dans cet Art, la médiocrité eft un crime; rien ne peut excufer les fautes de l'ignorance dans un état qui a pour objet la vie & la fanté des hommes : la conféquence du fujet rend impardonnable la faute de l'Artifte.

La Chirurgie a, comme toutes les Sciences & les Arts, des principes & des regles qu'il faut étudier. Le choix du livre eft le premier embarras. L'homme lui-même, vivant & mort, eft peut-être le feul qui puiffe éclairer celui qui fe deftine à réparer les défordres de l'économie animale.

C'eft le livre de la nature qu'il faut étudier; les

autres, tous nombreux qu'ils font, feroient à peine
une table incomplette de celui que je vous propose;
mais il eft difficile à lire, il faut du génie, des yeux
& de la patience.

L'Anatomie n'eft point cette fimple & aride nomenclature des os & des mufcles, dont fe conten-
tent la plûpart de ceux qui font un métier de l'art
de guérir. Ils font auffi loin de leur but que le feroit un homme qui, fur l'apperçu de quelques mon-
tagnes & de quelques grands fleuves, entreprendroit
le tableau phyfique & topographique d'un vafte con-
tinent.

La fcience de l'homme eft infiniment plus fubli-
me & plus étendue; elle tient à prefque toutes les
connoiffances humaines. La phyfique, dont elle pro-
cede, embraffe l'univers entier; tout eft de fon reffort,
depuis le premier atôme jufqu'aux maffes les plus
grandes & les plus compofées, elle voit & confi-
dere chaque être; elle en développe les principes;
elle fuit la nature au fond de fes laboratoires les
plus cachés. Là, déchirant le voile qui couvre fes
travaux, elle deffine les formes, explique l'ordre,
les rapports & le méchanifme qui enchaîne tous les
effets particuliers au mouvement général.

Tous les objets qui enrichiffent la fcene variée de
cet immenfe théâtre, ont tour-à-tour été le fujet
& la matiere des travaux dont fe font occupés les
hommes célebres de tous les temps.

Les uns ont contemplé l'enfemble de l'univers, &
à forcé de génie, femblent lui avoir affigné des Loix.
D'autres, d'un coup-d'œil moins vafte, mais plus
attentif, en entrant dans les détails, ont divifé les
regnes & les efpeces ; & par l'étude des propriétés
ils ont claffé chaque individu dans la férie qu'il doit
occuper dans le plan général de la nature.

Ce plan a été fubdivifé, & chaque Phyficien s'eft
emparé d'une portion dont il a fait fon domaine.

Le Minéralogifte a fait creufer le fien pour fur-
prendre à la nature des fecrets qu'elle avoit enfer-
més dans les flancs de la terre.

L'Aftronôme a porté fes regards vers la voûte
célefte ; il y a apperçu des globes lumineux, dont il
a mefuré l'étendue, reconnu le mouvement, & cal-
culé les diftances.

L'Anatomifte a trouvé dans le regne animal, &
fur-tout dans l'homme, des phénomenes dignes d'ê-
tre comparés à ceux de l'univers. La veille & le fom-
meil font pour ce petit monde le jour & la nuit ; la
circulation du fang & de nos liqueurs, peut être
mife en parallele avec le fux & reflux de l'océan,
& le cours déterminé de nos rivieres.

L'accroiffement de nos parties, le développement
de nos organes & de nos facultés, la perception de
toutes nos fenfations, font pour nous ce que la force
abforbante, la propriété affimilante, la vertu évo-
lutive, & la puiffance extenfive, font par rapport à

l'univers, qui, fans cela, feroit bientôt une maffe incohérente, dont toutes les parties conftamment défunies ne pourroient changer de maniere d'être.

Si votre imagination, Meffieurs, ne s'éleve pas jufqu'à ces comparaifons fublimes, vous étudierez en vain. Le nom feul d'Anatomie vous fera reculer d'horreur.

Un cadavre pâle & livide, au premier coup-d'œil, n'offre qu'un afpect hideux & dégoûtant. Le froid qu'il imprime à la main qui le touche, glacé le courage & anéantit la curiofité; mais fi l'amour de l'humanité l'emporte fur cette répugnance purement machinale, la terreur s'évanouit, & les tréfors de l'Anatomie diffipent les horreurs de la mort, à mefure qu'on les découvre.

Tel qui dans un antre obfcur, environné de tous les fpectres d'une imagination effrayée, croit voir les précipices fe multiplier fous fes pas, & qui, fe roidiffant tout-à-coup contre fa foibleffe, avance du côté d'un crépufcule incertain, & va diffipant les ténebres qui l'environnoient d'un lieu foiblement éclairé vers la fource de la lumiere qui brille à fes yeux, en s'élevant au niveau de l'horifon qui lui en cachoit le majeftueux & brillant afpect.

L'épiderme, à peine foulevé, vous laiffe appercevoir dans la texture étonnante de la peau, ces houpes & ces mamelons nerveux, dont l'ordre & l'arrangement produifent en nous les diverfes mo-

difications du toucher. Vous pouvez du même coup
d'œil contempler le raifeau vafculaire qui la nourrit
& la colore avec une attention plus forte, & l'œil
armé d'un microfcope, vous allez découvrir à travers ce lacis de vaifleaux & de nerfs, une énorme
quantité de pores; les uns, par une embouchure
béante, femblent afpirer tous les fluides qui tou-
chent ou environnent nos corps; les autres, par une
ftruéture contraire, démontrent clairement qu'ils
ne font que les exutoires par où s'échappent la
furabondance de nos liqueurs.

Ce premier effai, Meffieurs, fuffit à coup fûr
pour métamorphofer le fimple curieux en Anatomifte ardent. Il voudra fans doute pénétrer plus
profondément : c'eft-là qu'il faut l'abandonner à
lui-même, à l'ardeur qui l'emporte, & aux jouiffances que fes travaux lui préparent.

Prefqu'auffi-tôt il découvre des mufcles, des faifceaux de fibres charnues, rangés fimétriquement
fur différents plans. A quoi bon (dira-t-il) toutes
ces machines ? S'il en fouleve une, le membre au-
quel elle fe termine fait un mouvement ; il fré-
mit, & tout en tremblant il reconnaît qu'il a mis
en jeu un des leviers qui meuvent nos parties.

Quel vafte champ vient de s'ouvrir à fes yeux !
Avec quelle attention il va diriger fon fcalpel,
pour développer les attaches de ces puiffances mo-
trices ? Combien de recherches, combien de cal-

culs à faire fur leurs forces, leurs ftruŝures & leurs effets?

D'une main déjà plus hardie il pénetre dans la poitrine ; des organes plus compofés préfentent à fes regards la variété de leurs formes ; à fon adreffe le dédale le plus tortueux à démêler, & à fon génie la folution énigmatique de leurs ufages.

Le cœur, par fa texture charnue, annonce qu'il eft fait pour être en mouvement ; mais fur qui l'exercera-t-il ? Les faifceaux moteurs qui le compofent n'ont aucunes attaches fixes. Ils font rangés dans tous les plans poffibles ; on en voit de perpendiculaires, d'obliques, de tranfverfes, d'autres, ont la figure d'une fpirale : ils font tellement adoffés les uns aux autres, que dans la contraction de l'enfemble tous les points de la circonférence font rapprochés vers le centre. Voilà le premier agent qui imprime au fang un mouvemeut que nous examinerons ailleurs.

Les poumons qui l'accompagnent préfentent aux recherches de l'Anatomifte & du Phyficien des beautés de ftruŝure & des effets fi étonnants, que l'imagination qui les foupçonne a peine à les comprendre.

C'eft-là que le fang, ce Méandre de nos corps, appauvri par un voyage immenfe, vient, en fe préfentant fous la furface la plus grande, réparer, par son mélange avec quelques portions du fluide que nous respirons, les pertes qu'il a faites en fournissant à toutes nos parties la matiere nutritive, & à chaque organe celle de sa sécretion.

D'aussi heureuses découvertes sur un sol n'agueres effrayant, changent tout-à-coup cet objet triste, ce cadavre, en un terrein fertile dans lequel l'Anatomiste découvre des merveilles à travers les ruines de notre édifice.

Le bas-ventre ouvert, mille machines différentes intéressent les yeux. Qui pourroit, sans être pénétré de la plus forte admiration, examiner l'immense & sage appareil de la digestion & de la chilification ? Là des fleuves de sang divisés & subdivisés en mille ruisseaux, contrastent d'une maniere bien superbe avec le lacis des vaisseaux lactés. Ici des millions de glandes réunies composent l'organe sécretoire de la bile. Plus loin on découvre les cribles délicats à travers lesquels l'urine séparée du sang, va se déposer dans un réservoir pour en être chassée un instant après ; on apperçoit plus bas, & l'on admire avec étonnement, les organes de la génération, ces sources de l'existence, surchargés du principe vital, au moyen desquels chaque individu transmet dans un autre lui-même une étincele de la vie, & qui, comme un feu nouveau, luit au milieu des ténebres, en faisant passer subitement à la vie un germe inanimé.

Etonné de toutes ces merveilles , vous croyez peut-être notre nouvel Anatomiſte plongé dans l'analyſe réfléchie des principes conſtituants ; vous le ſuppoſez peut-être occupé à deſſiner les formes, à rapporter ſur les cercles charnus de l'eſtomac & des inteſtins, la ſolution des problêmes que les muſcles lui ont offerts à réſoudre !

Non , la ſoif des nouveautés l'emporte ; la ré-flection ne marche jamais d'un pas égal avec l'in-ſatiable curioſité. Déjà ſes regards ont menacé la boîte oſſeuſe qui forme la tête de la machine hu-maine. La ſolidité apparente de ce rempart lui a déjà fait conjecturer que les organes qu'il renferme ſont précieux & délicats : mais avant de décou-vrir à ſes yeux ce chef-d'œuvre de la puiſſance ſu-prême , arrêtons ſon attention ſur les organes qui l'environnent.

Cette bouche où réſide le goût , ces foſſes naſales où les parfums exercent leur voluptueux empire, & ce pavillon de l'oreille , cette embouchure acouſtique dont les anfractuoſités abſorbent & con-centrent les rayons ſonores , vont faire naître en lui un enthouſiaſme à travers lequel il ne faut pas lui laiſſer oublier l'organe étonnant par lequel il apperçoit les merveilles de l'Anatomie.

Tout eſt vu, ... tout eſt franchi; ... la ſcie & le ci-ſeau ont enlevé la voûte du crâne ; ... le cerveau eſt à découvert ; ... il admire , ... & là finiſſent toutes les reffources de fon induftrie. La moleffe de cette maffe a dérobe aux opérations trop groffieres de fes inf-truments. Ce dédale pour lui eft fans ouverture & fans iffue ; l'organifation s'éleve à un fi haut dégré, qu'il eft obligé de fe replier fur lui-même pour en étudier les éléments. Ici commence la réflection dont il faut rendre l'exercice agtéable en colorant les tableaux dont il faut l'entretenir.

Ce fimple & rapide apperçu de la ftructure gé-nérale de nos corps, cette immenfité de merveilles renfermée dans un fi petit efpace, pourroient-ils, Meffieurs, vous laiffer indifférents & froids fur ies beautés particulieres que préfentent les organes des fens? Auriez-vous fait tant de recherches fur l'o-rigine & la nature de la lumiere, fur la viteffe avec laquelle elle traverfe notre athmofphere, & fur les diverfes manieres dont elle peut être tranfmife ou réfléchie, fans daigner connoître l'œil, cet inftru-ment de dioptrique animal que tous les efforts du genre-humain n'imiteront jamais?

La connoiffance de la ftructure de l'oreille in-terne & de fon méchanifme, n'ajouteroit-elle pas encore des charmes aux doux plaifirs de l'harmo-nie ? Quoi de plus agréable en effet, que de fa-voir comment l'air fonore mis en vibration, ébranle des membranes, des os, des nerfs qui rapportent à notre ame les douces modulations d'une voix mé-lodieufe ?

Mais que dis-je ? Cette même voix ne gagneroit-elle rien, si vous connoissiez par quel art, tout-à-la-fois simple & sublime, la nature a pu faire vibrer des cordes molles & résonner des voûtes tapissées de membranes toujours humides ; comment elle a disposé l'appareil nécessaire à ces accents, à ces coups de gosier, à ces cadences dont l'harmonieuse dégradation vous fait éprouver tant de sensations différentes ?

Un sens plus grossier, & non moins digne de votre admiration, le toucher, vous offre une foule variée de plaisirs à goûter & de problèmes à résoudre. C'est par lui que dans l'obscurité nous sommes avertis de la proximité des corps ; c'est lui qui nous en développe l'étendue, la figure, la dureté ou la mollesse.

C'est par une perfection de ce même sens, qu'un mets délicat chatouille les papilles nerveuses de la langue ; c'est encore lui qui, sous une organisation particuliere, est voluptueusement ébranlé par un atôme échappé d'une rose ; & c'est bien à juste titre qu'on dit qu'il est le dernier retranchement de l'incrédulité & l'organe immédiat du plaisir.

Le champ dans lequel je moissonne est inépuisable en sujets d'études. Le méchanisme de nos passions, ces sources des biens & des maux, qui, tantôt douces & tranquilles, nous conduisent, à travers mille plaisirs, au vrai bonheur ; tantôt vives, fougueuses & fans frein, nous entraînent, à travers les écueils de la honte & de la douleur, vers une fin prompte & malheureufe, fait encore une partie du domaine que la phifiologie réferve à l'Anatomifte éclairé.

Après avoir cueilli des fleurs, effayons la récolte des fruits. Des beautés de mon fujet, élevons-nous à fon utilité. Par les premieres, on conçoit aifément que cette fcience doit être celle de tous les hommes ; voyons à qui les derniers peuvent convenir, & diftinguons dans le nombre ceux à qui ils font indifpenfables.

Prefque tous les arts utiles & agréables font tributaires de l'anatomie.

Si la toile eft vivifiée fous le pinceau des Raphael, des le Sueur, des Lebrun ; fi le marbre refpire, s'échauffe & devient fenfible fous le cifeau des Pygmalion anciens & modernes, c'eft à l'Anatomie qu'eft dû le preftige qui nous trompe & nous féduit.

Si l'efprit géométrique a prefque toujours égaré le Phyficien qui a voulu foumettre les opérations trop complexes de l'économie animale aux loix féveres du calcul, il n'en eft pas de même du Méchanicien, qui emprunte à l'Anatomie des formes & des appareils méchaniques : elle offre à fon génie des modeles fans nombre. Toutes nos articulations font des chefs-d'œuvres dont les per-

fections & les variétés font pour lui de la plus
grande utilité. Il fuffit de jetter un coup d'œil fur
la colonne vertebrale , pour être convaincu qu'elle
réunit au fuprême dégré tout ce qui conftitue la
force & permet le plus de mobilité. Des leviers
de tous les genres & de toutes les formes , oppo-
fés avec tant d'art & d'économie à la pefanteur &
à la réfiftance des parties à mouvoir , fe préfente-
ront par-tout à fes recherches.

Celui qui fe deftine à la conftruction des machines hydrauliques doit fuivre avec attention la
marche & la circulation de nos liqueurs ; il ap-
prendra fur cet inépuifable modele à éviter les
frottements inutiles , à donner à la bifurcation de
fes canaux une ouverture d'angle ou une direction
toujours relative à la vîteffe qu'il veut conferver
à fon fluide. Veut-il le faire remonter contre fon
propre poids, c'eft pour cela fur-tout que l'Anatomie lui offrira des reffources auffi fuperbes que
nombreufes. Ici , des valvules divifant , par des
fections plus ou moins éloignées , la colonne du
fluide qu'elles foutiennent , rendent fon afcenfion
d'autant plus facile qu'elles en diminuent mécha-
niquement la gravité. Là , c'eft un mufcle dont le
jeu & les contractions foulevent le fluide en com-
primant le canal qui le contient. Dans mille en-
droits , ce font des fiphons de différents genres,
des pompes de toutes les efpeces. Souvent auffi le
mouvement

Mouvement des arteres, qui porte le sang du centre à la circonférence, aide aux veines à le rapporter de la circonférence au centre.

Enfin, dans notre superbe machine l'activité est unie à la matiere par tant de moyens divers & en tant de proportions différentes ; & la nature a tellement accumulé les perfections individuelles des principes constituants & des organes constitués, qu'on ne peut s'empêcher de dire qu'elle n'a jamais été plus sublime que dans la construction des corps organisés.

En vain le Naturaliste que l'Anatomie n'a point initié dans le sanctuaire de la nature, entasseroit dans son cabinet tout ce que Noé renferma dans l'arche, en y ajoutant même tous les poissons des mers & des rivieres ; pour lui cet assemblage seroit un cahos d'animaux dont la stérile nomenclature surchargeroit inutilement la mémoire.

Sans l'Anatomie, l'art de guérir seroit encore au berceau, la médecine & la chirurgie n'ont point d'autre base ; c'est le flambeau qui les guide & les éclaire dans la cure des maladies ; c'est pour eux seuls qu'elle est rigoureusement indispensable, & c'est pour eux aussi qu'elle est infiniment plus laborieuse. Il ne leur suffit pas de connoître le nombre & la forme de nos organes ; il faut en développer la texture la plus intime. C'est dans les infiniment petits que la nature a placé les plus

grands phénomenes de notre exiſtence ; c'eſt là
que la maladie exerce ſes plus terribles ravages ;
c'eſt par ces ſentiers obſcurs & preſque inconnus
qu'elle chemine furtivement , & qu'elle échappe
à l'activité mal entendue de l'empirique.

L'Anatomiſte ſeul apperçoit les détours de ſa
marche trompeuſe ; il diſtingue , comme un Tac-
ticien habile , la véritable attaque de ces fauſſes
eſcarmouches , qui détournent l'attention pour
mieux ſubjuguer la place.

Vous ſentez déjà , Meſſieurs , combien l'Anatomie eſt rigoureuſement indiſpenſable au Médecin.
Voyons maintenant comment & pourquoi elle eſt
pour lui plus longue & plus laborieuſe.

La plupart des ſciences & des arts qui emprun-
tent quelques choſes à l'Anatomie, n'ont , pour ainſi
dire , beſoin que de la phyſionomie des parties ;
mais le Médecin doit , en les conſidérant ſous
toutes leurs faces , s'initier, pour ainſi dire , dans
les myſteres de la ſympatie : s'il ne connoît pas
les liens qui les enchaînent , s'il ne ſuit pas le fil
de cette correſpondance , la ſcience s'iſole ſur
chaque objet , & le méchaniſme de la vie reſte
inconnu.

Ne vous y trompez pas , Meſſieurs ; on ne peut
apprendre cette ſcience par des leçons ni ſur des
pieces ſeches , informes , & preſque toujours mu-
tilées ; c'eſt ſur le cadavre , ſur les corps des ani-

...maux vivants & morts qu'il faut étudier la nature ;
mais, cette étude est pleine de difficultés. Interro-
gez-vous un cadavre ? Il est muet, & la mort, en
le frappant, n'a laissé aucunes traces de la vie ;
l'énigme seule reste, le mot s'est échappé. Voulez-
vous le poursuivre dans un animal vivant, il se
cache sous des flots de sang ; il se dérobe à travers les cris, les convulsions & les angoisses.

L'art de chercher a lui-même des difficultés in-
calculables ; la grande habitude & l'exercice en
applanissent quelques-unes ; mais pour les surmon-
ter, quelle patience, quel courage, & quelle dex-
térité ne faut-il pas avoir pour démêler, dans la
texture complexe des parties molles & solides,
tous ces entrelacements de filets nerveux & de
vaisseaux vasculaires, dans lesquels le mouvement
& le sentiment, qui se sont éteints, n'ont laissé
que des canaux vuides & des fibres relâchées &
détendues là où, par un concours heureux de ces
modifications évanouies, brilloit la vie. Tel point
qu'à peine on remarque, étoit le foyer des ébran-
lements & des réactions les plus intéressantes.
Bien des fois, Messieurs, dans cet inextricable
dédale, le fil vous échappera des mains ; quelque-
fois aussi, suivant d'un œil attentif, sous le tra-
jet d'une coupe heureuse, un filet inconnu, vous
arriverez à la solution d'un problème phisiologi-
que, à l'aide de laquelle une vérité nouvelle effa-
cera une multitude d'erreurs.

Pour atteindre ce but , il faut à l'étude des parties folides & de tous les refforts de notre machine ; joindre celle de nos liqueurs , & de tous les fluides qui , par leur mouvement & leur propriétés, entretiennent la vie & la fanté.

Le chyle , le fang , la bile , & les différentes efpeces de lymphes , font des humeurs vifibles & palpables que vous pouvez foumettre au creufet de l'analyfe , & à l'aide defquels nous explique-rons la nutrition , la circulation & la digeftion.

Pour concevoir le méchanifme de nos fenfations, il faut admettre des fluides plus fubtils de ceux même qui échappent à nos fens.

Sans le fluide animal , notre machine , toute fu-perbe qu'elle eft , toute bien organifée qu'elle puiffe être , feroit immobile & infenfible comme un auto-mate dont les refforts font détendus.

Mais avec cet efprit vital & fenfitif, qui cir-cule dans nos nerfs , tout eft en mouvement , la volonté le tranfporte à fon gré dans les parties foumifes à fon empire ; la néceffité le fait couler d'une maniere uniforme dans les organes dont l'ac-tion conftante eft indépendante de cette volonté , & le plaifir l'appelle par-tout où une fenfation agréable eft appropriée à l'organe fenfitif.

Je le vois s'élancer dans vos yeux ; il imprime à tous vos fens cette heureufe impatience qui vous entraîne vers votre objet.

Jeunes Compagnons de mes travaux, ne per-
mettez pas qu'elle s'éteigne ; & si, dans sa durée,
elle doit subir quelque modification, il faut que
cette ardeur prenne le caractere du courage & de
la constance. Marchant à votre tête dans ce sen-
tier épineux, j'en émousserai les pointes, & mon
bonheur naîtra de vos succès.